우주 탐험,
별에서 파티를!

초판 1쇄 2014년 5월 30일

글 폴커 프레켈트 | 그림 프레데릭 베르트란트 | 옮김 유영미
펴낸이 김영은 | 기획 총괄 정인진 | 영업 총괄 박하연 | 편집 박사례 | 디자인 고문화
펴낸곳 도서출판 책빛
출판 등록 2007. 11. 2. 제 406 -000101호
주소 경기도 고양시 일산동구 무궁화로 7 -63 1206
전화 070 -7719 -0104 | 팩스 031 -918 -0104
전자우편 booklight@naver.com
블로그 http://blog.naver.com/booklight
ISBN 978-89-6219-139-4 64440
ISBN 978-89-6219-126-4(세트)

*잘못된 책은 구입한 곳에서 바꾸어 드립니다.

PLATZ DA, PLUTO! : Was alles im Weltraum abgeht und warum wir nicht in Schwarze Löcher fallen sollten by
Volker Präkelt with illustrations of Frédéric Bertrand
© 2013 Arena Verlag GmbH, Würzburg, Germany
Korean Translation Copyright © 2014 by Booklight Publishing Co.
All rights reserved
The Korean language edition is published by arrangement with
Arena Verlag GmbH through MOMO Agency, Seoul.

「이 도서의 국립중앙도서관 출판시 도서목록(CIP)은 서지정보유통지원시스템 홈페이지(http://seoji.nl.go.kr)와
국가자료공동목록시스템(http://www.nl.go.kr/kolisnet)에서 이용하실 수 있습니다.(CIP제어번호: CIP2014014992)」

우주 탐험, 별에서 파티를

폴커 프레켈트 글
프레데릭 베르트란트 그림

유영미 옮김

책빛

글쓴이

폴커 프레켈톤는 '열려라 지식 시리즈'를 쓰는 아저씨로, 별을 좋아해요. 별이 총총한 하늘을 올려다보며 멀리 있는 세계를 꿈꾸곤 하지요. 함부르크 천문대 프로그램으로 별자리 쇼를 기획한 뒤부터 하늘을 보며 혜성을 찾곤 한답니다.

그린이

프레데릭 베르트란트는 브레멘에서 그래픽 디자인을 전공했고, 일러스트레이션과 애니메이션에 특히 관심이 많습니다. 현재 베를린에 살면서, 보드게임, 애니메이션, 컴퓨터 게임, 책에 그림을 그리고 있습니다. 무엇이든 닥치는 대로 그리는 걸 좋아해요. 여가 시간에는 우주선 모형을 조립하기도 하지요. '열려라 지식 시리즈' 중 〈파라오, 그런 눈으로 쳐다보지 마요!〉 삽화도 그렸어요.

옮긴이

유영미는 연세대학교 독문과와 같은 학교 대학원을 졸업한 뒤 전문 번역가로 활동하고 있습니다. 옮긴 책으로 〈공룡의 똥을 찾아라!〉, 〈파라오, 그런 눈으로 쳐다보지 마요!〉, 〈오, 신이시여!〉, 〈우주 탐험, 별에서 파티를!〉, 〈열세 살 키라〉, 〈늑대 소년 롤프〉 등이 있어요.

착각하지 마요. 이런 것들만 지구 주위를 도는 게 아니라니까!

무엇이 어디에서, 어떻게 움직이는지 이제 곧 알게 될 거예요.

목차

등장인물

명왕성

한때 태양계의 아홉 번째 행성이었어요.
하지만 몇 년 전 국제천문연맹(IAU)은
몸집이 너무 작다는 이유로 명왕성을 행성
목록에서 빼어 버렸지요.
'열려라 지식 시리즈'를 위해 명왕성은
몸집을 더 줄여 우리에게 왔어요.
그래도 절대로 축구공처럼 가지고 놀 수는
없답니다. 빠져 달라고요?
에이, 무슨 소리!

카-알리 X 10

먼 행성에서 온 외계 생물체랍니다.
카-알리는 자신의 행성에서 순식간에
지구로 올 수 있어요. 어떻게 오느냐고요?
은하 간 인터넷에서 이 메일을 보낼
때 스스로를 첨부해서 보내면 돼요.
카-알리가 사는 행성의 생물체들은
아주 똑똑하거든요. 기분 좋을 때마다
방귀를 뀌는 게 큰 흠이지만요.

루카

루카의 이불에는 별이 빛나는 하늘이 그려져 있어요. 깜깜한 데서 보면 별이 야광으로 반짝이지요. 눈을 감으면 우주선을 타고 둥실 떠오르는 느낌이에요. 루카는 자신의 우주선을 루카모빌이라고 이름 지었답니다. 루카는 명왕성을 가까이에서 봤으면 해요. 명왕성이 난쟁이 행성으로 취급받는 것이 못마땅하지만 어쩔 수 있나요?

파트릭 슈테론

파트릭은 우주 왕복선, 화성 탐사선이 발사되었던 케네디 우주 센터가 있는 미국 플로리다가 고향이라 어릴 적부터 로켓 발사에 관심이 많았어요. 우주 비행사가 되고 싶었지만, 건강 테스트에서 떨어지고 말았지요. 지금은 천문대에 근무하며, 어른들과 아이들에게 신비한 우주 이야기를 들려준답니다.

다시 빅뱅으로

조심, 금방 폭발할 거예요. 조용.

뭐라고요? 삐빅, 삐빅, 빠빅!

이게 빅뱅이에요. 삐빅, 삐빅, 삐빅!

하지만 아무것도 폭발하지 않았잖아요! 아무것도 보지 못했다고요.

아직 공간이 없으니까요. 그래서 아무것도 보이지 않고, 아무 소리도 들리지

않아요.

하지만 지금! 우웅, 우웅, 우웅, 우웅

∞ ∞ ∞ ∞ ∞

폭발. 에너지. 가스와 먼지구름.

불타오르는 구. 별. 행성. 끝없이 많은 것들.

우주는 137억 년 전에 생겨났어요.

우리는 우주의 일부예요.

우리는 우리 은하에 살고 있어요.

우리 은하를 은하수라고도 부르지요.

저기 우리 별이 있네요.

태양이에요.

지구가 태양 주위를 돌고 있어요.

지구는 얼마나 큰가요?

우주 전체로 볼 때 지구는 사막의 모래 알갱이와 같아요.

넓은 바다의 물방울 하나와 같아요.

아주 작아요. 아주아주 작아요.

지구 밖에도 생물이 있을까요? 그럴 거예요. 잠깐! 무슨 소리가 들리네요.

삐빅, 삐빅, 삐빅……

휴스턴, 문제가 생겼다!

사이언스 픽션? 혹은 실화?

다른 별에서 온 선생님

픽션! 차고에서 외계인을 만나 우리 방에 숨겨 줬어요. 그랬더니 외계인은
벽에다 마술을 부려 우리에게 은하계에 대한 흥미로운 지식들을 가르쳐 주네요.
하지만 지금까지는 '이티'라는 영화에서만 그런 일이 있었답니다. 진짜 이티를
본 사람은 아무도 없지요.

우주의 드라마

실화! 1970년 4월 우주선 아폴로
13호가 달 탐험에 나섰어요.
하지만 발사되자마자 산소 탱크가
폭발하는 바람에 공기 공급에
문제가 생겼지요. 세 우주 비행사는
산소 탱크를 반창고와 종이 봉지로
수선하고는 지구로 돌아가는 쪽으로
간신히 진로를 바꾸었어요! 컴퓨터는
하나씩 꺼져 갔어요. 관제 센터의

그래도 무사히 돌아왔어요. - 아폴로 13호 팀

기술자들이 밤낮으로 그들을 도왔지요. 관제 센터는 미국 휴스턴에 자리
잡고 있어요. 그 뒤부터 사람들은 위급한 경우 "휴스턴, 문제가 생겼다!"라고
말하지요. 아폴로 13호에 탄 우주 비행사들은 위기를 이겨 내고 지구로 무사히
돌아왔답니다.

베들레헴 하늘에서

실화, 그러나……. 별과 별이 빛나는 하늘을 연구하는 학자들을 천문학자라고 해요. 그들은 예수 그리스도가 태어날 즈음 금성과 목성이 앞뒤로 나란히 위치해 있음을 발견했어요. 이스라엘에서 볼 때는 금성과 목성이 아주 밝은 별 하나처럼 보였지요. 나머지 이야기는 성경에 나와 있어요. 크리스마스 이야기랍니다.

지구는 ...이다.

...은 지구 주위를 돈다.

우리 태양계에는

...들이 있다.

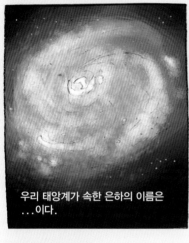

우리 태양계가 속한 은하의 이름은 ...이다.

지구와 다른 일곱 행성은 주위를 돈다.

수수께끼 파트릭이 알맞은 카드를 찾도록 도와줄 수 있나요?

소행성과 혜성

우리 은하

태양

행성

명왕성의 수다

몇 년 전까지 나—명왕성—는 태양계의 아홉 번째 행성이었어. 하지만 국제천문연맹(IAU)이 나를 빼 버렸어! 너무 작다고 말이야! 그 뒤로 나는 난쟁이 행성이 되었어.

달 여행
루카가 우주 전문가 파트릭 슈테른에게 묻다

루카: 파트릭 슈테른 선생님, 이 이름이 진짜 선생님의 이름인가요?(슈테른이 독일어로 별이라는 뜻이기 때문에 이렇게 묻습니다.)

파트릭: 물론이지! 슈테른은 흔한 이름이란다. 하지만 슈테른이라는 이름을 가진 사람보다 우주에 있는 슈테른(별)의 수가 훨씬 더 많지. 별은 정말 무한할 정도로 많거든.

루카: 선생님은 어떻게 천문학자가 되었어요?

파트릭: 하하. 플로리다에서 태어나 로켓 발사 장면을 많이 보며 자라다 보니 자연스럽게 우주 비행사를 꿈꾸게 되었단다. 그래서

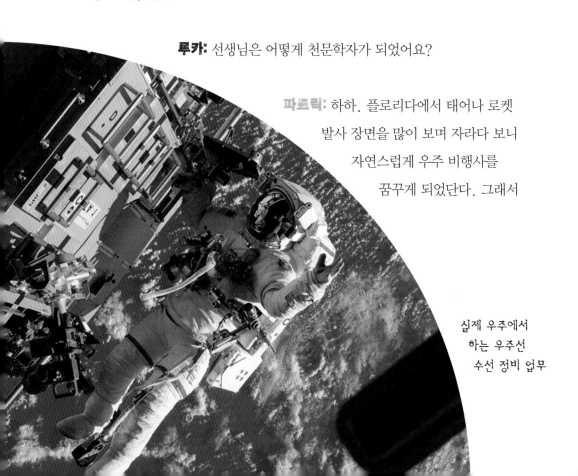

실제 우주에서 하는 우주선 수선 정비 업무

미국 항공 우주국을 약자로 NASA(나사)라고 한단다.
우주 비행사들은 보통 astronaut라고 부르지. 러시아 인도 우주 비행을
많이 하는데 러시아에서는 우주 비행사를 cosmonaut라고 부른단다.
중국에서는 우주 비행사를 taiconaut라고 해.

항공 기술과 우주 비행 기술을 공부한 뒤 나사(NASA)에 들어갔어.
아주 자랑스러웠지.

루카: 그러면 무중력 훈련도 하셨겠네요.

파트릭: 그럼, 무중력 적응 훈련은 물속에서 한단다. 떠오르지도
가라앉지도 않도록 발에 무거운 물체를 매달고 훈련을 하지. 그런 상태에서
우주선을 수리하는 걸 연습하지. 물론 우주선 모형으로 말이야.
하지만 유감스럽게도 나는 계속 귀에 문제가 생겨서, 우주 비행사가 되기 위한
마지막 관문인 건강 테스트를 통과하지 못했단다.

루카: 이럴 수가! 그래서 천문대에 근무하시는 거로군요. 천문학자가 되려면
수학을 잘해야 하나요?

파트릭: 수학과 우주물리학은 아주 중요하단다. 우주를 이해하고자 한다면,
우주를 지배하는 힘을 알아야 하거든. 우리를 땅에 붙어 있게 만드는 중력 같은
힘 말이야. 행성들이 궤도를 도는 것도 중력 때문이지.

루카: 우주하고 은하는 어떻게 달라요?

1961년 유리 가가린이 인류 최초로 우주 비행에 성공했어요.
지구를 한 바퀴 돌았답니다.

파롤릭: 별이 모여 있는 집단을 은하라고 한단다.
우주에는 은하가 아주 많지.

루카: 인류 최대의 모험인 달 착륙은 어땠어요? 제가 여기 달에
착륙한 날짜를 적어 놓았어요. 1969년 7월 16일에 아폴로 11호가 발사되었고,
닐 암스트롱은 인류 최초로 달에 발을 디뎠죠.

파롤릭: 당시 나는 너만 한 나이였단다. 텔레비전으로 닐 암스트롱과
버즈 올드린이 달 착륙선으로 달에 착륙하는 모습을 지켜보았지. 이들이
달에 발을 내딛는 동안 세 번째 우주 비행사인 마이클 콜린스는 사령선인
컬럼비아호를 타고, 달 주위를 돌았고.

루카: 달까지 비행하는 건 엄청나게 위험한 일이었겠네요.

파롤릭: 위험하고말고. 그 전에 무인 비행체로 미리
시험을 해 보았지. 처음에는 우주선에
동물을 태워 쏘아 올리기도 했단다.
오늘날에는 훈련을 잘 받은 우주
비행사가 우주 비행을 하지.
앞으로는 우주선에 로봇만
태워 보낼 날이 올 거야.

에이블과 미스 베이커라는 원숭이들이
우주 비행을 마치고 완전히
쌩쌩한 모습으로 지구로 돌아왔어요.

아폴로 11호, 달로 출발하다

닐 암스트롱, 마이클 콜린스, 버즈 올드린

"우린 달에 갔어요!"

이 사람이 버즈 올드린

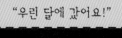

달 산책

우주에도 끝이 있을까?

2525년. 아인슈타인호는 우주의 가장자리를 탐험해요. 우주 비행사는 바로 로봇 배피예요. 다음은 배피의 보고랍니다.

안녕하세요, 로봇 배피입니다. 저는 지금 시속 백만 킬로미터 속도로 날아간답니다. 빛의 속도로 말이에요. 내가 탄 아인슈타인호와 비교하면 예전의 우주선들은 느림보 곰탱이라고 할 수 있어요. 우주선 안의 보드 컴퓨터인 보코가 낮은 소리로 응응대네요. 모니터에 글자가 떠요.

"엄청난 속도- 도와줘!" -"가만히 좀 있어 봐!" 나는 이렇게 말하며 드넓은 우주를 쳐다봐요. 멋져요! 우리는 순식간에 행성들을 따돌려요.

"속도 낮추기." 모니터가 반짝여요. 보코는 정말이지 멋진 놈이라니까요!

우주에서는 광년이라는 단위로 거리를 잰단다.
광년은 빛이 일 년 동안 나아가는 거리지. 정말 어마어마한 거리야.
빛은 1초에 30만 킬로미터나 나아가거든. 아인슈타인호가 빛의 속도로 달린다면
달까지는 1.3초, 태양까지는 8분이면 도착할 수 있어.
은하수의 중심까지는 약 2만 5천 광년이란다.

토성의 고리는 정말 현란해요.
보코가 더 알록달록한
색깔로 깜박였어요.
"명왕성 궤도 진입!"
이어 "불쌍하고
외로운 얼음공.☺"이라는 글귀가 떴어요.
이럴 수가! 보드 컴퓨터가 동정심을 느낄 수 있다고요?
로봇인 나처럼 감정 없는 기계 아닌가요?
하지만 보코의 감정은 점점 격해졌어요. "정말 끔찍할 정도로
텅 비었군.☹! 프록시마 켄타우리까지 4.5광년!"
프록시마 켄타우리는 지구와 가장 가까운 항성이에요.
뭐가 문제겠어요? 내게는 시간도, 공간도 별 상관이 없다고요.

허블 우주 망원경이 찍은 사진: 난쟁이 행성 명왕성

명왕성의 수다

나는 얼음으로 뒤덮인 외로운 난쟁이 행성이야! 70퍼센트가 암석으로 되어 있고 아주 먼 곳에 있단다. 오늘날 탐사선이 내게 오려면 약 10년은 걸린단다.

모니터에 붉은 혜성이 떠올랐어요. 응급 상황이었어요. "수동 조작으로!"

"왜? 앞쪽이 텅 비어 있지 않아?" 내가 물었어요. 모니터에 글씨가 반짝였어요. "얼른!"

"뭐, 그러자고!" 나는 레버를 변경했어요. 조금 더 늦었다면 큰일 날 뻔했어요. 혜성이 우리에게로 돌진해 왔거든요. 제길! 오르트의 구름이 길게 이어져 있었어요. 아무리 유능한 파일럿이라도 초속 30만 킬로미터로 비행하는 것은 쉬운 일이 아니에요.

나는 마지막 순간에 아인슈타인호의 고도를 높였어요. 보코는 열을 내면서 새로운 비행 데이터를 쏟아 내었어요. "얼마나 오래 이런 속도로 가야 하지?" 내가 소리쳤어요.

혜성은 얼음과 먼지로 이루어진 작은 천체를 말해.
지구에서 보면 꼬리를 길게 늘어뜨린 것처럼 보인단다.
꼬리는 오르트의 구름(먼지, 얼음 조각으로 된 구름)으로 되어 있지.

"2년!" 슝!

이제 지구에서 가장 가까운 별인 알파 켄타우리도 지났어요.

다음 별인 시리우스까지는 거의 5년을 달려야 해요. 후아. 나는 꿈을 꾸기도
했어요. 우주에서 문이 하나 열리길래 들어갔더니, 문이 또 열리고 또 열렸어요. 수많은
문이 열렸어요. 우리는 그 문을 지나 미끄러져 들어갔어요. "우주는 정말이지 상상할 수
없을 만큼 거대하군." 보코의 말소리에 나는 화들짝 깨어났어요. 오르트의 구름을 지난
뒤부터 보코와 나는 이야기를 나누며 갔어요. "은하수 저편에 또 다른 은하들이 있어."
"얼마나 많이?" 내가 물었어요. 작은 전구들이 반짝이더니 보코가 콧소리로 말했어요.
"수천억 개!" "그렇게 많이? 도와줘!" 나의 에너지 수준이 떨어지고 있었어요. 나도
이제 감정을 갖게 된 것일까요? 보코는 ☺을 띄웠어요. "네겐 친구가 필요해." 보코가
말했어요. "우리는 엄청나게 긴 여행을 하고 있거든. 무한히 먼 곳으로 말이야."

적색 거성과 백색 왜성
루카, 파트릭 슈테른에게 묻다

루카: 아인슈타인호에 비하면 아폴로호 탐험은 거의 동네 소풍 수준이네요. 그렇죠?

파트릭: 그래, 아인슈타인호 이야기는 사이언스 픽션, 즉 공상 과학 이야기니까 말이야. 언젠가 로봇이 우주의 엄청나게 먼 곳까지 여행할 수 있을 거야. 사람이 직접 가는 건 불가능하단다.

루카: 우주는 공기가 없고, 굉장히 넓다는 걸 알았어요. 우주에서는 모든 것이 빙빙 돌고요. 궁금한 건 지구에서는 팽이나 동전 같은 걸 돌리면 시간이 갈수록 느려지다가, 어느 순간이 되면 멈추잖아요. 우주에서는 왜 그렇지 않은가요?

파트릭: 우주에는 공기의 저항이 없기 때문이야. 대기권 안에서는 공기가 운동에 브레이크를 걸지만 대기권 밖에서는 그렇지 않단다.

루카: 대기권? 지구를 두르고 있는, 산소와 질소로 이루어진 공기층 말인가요?

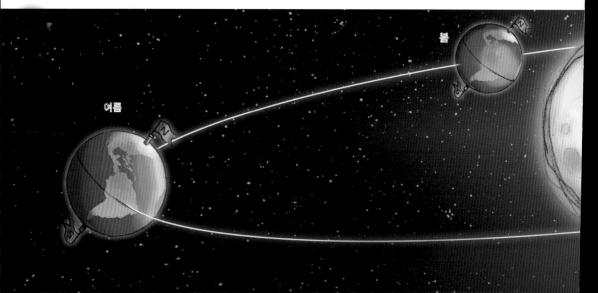

파트릭: 잘 아는구나. 지구는 24시간을 주기로 스스로 한 바퀴 빙글 돌지. 그것을 지구가 자전한다고 말해. 한 바퀴 도는 중에 태양이 비치는 곳은 낮이고, 반대쪽은 밤이지.

루카: 그럼 계절은 어떻게 생겨요?

파트릭: 지구본에서 볼 수 있듯이 지구가 약간 기울어져 있다는 거 알지? 지구본에 손전등을 비추면서 지구본을 돌려 보면 어떤 때는 불빛이 우리가 사는 지역을 더 많이 비추고, 어떤 때는 더 적게 비춘다는 것을 알 수 있을 거야.

루카: 맞아요!

파트릭: 지구가 태양을 한 바퀴 도는 데는 일 년이 걸린단다. 일 년 동안 지구와 태양 간의 거리가 약간씩 다르지. 왜냐하면 지구가 약간 타원 궤도로 태양을 돌기 때문이야. 지구는 이렇게 태양을 공전하면서 하루 한 번씩 자전을 해. 12월에는 태양 광선이 북극에 많이 비치지 않아서 북반구에 겨울이 되지. 북반구에 태양 빛이 더 직접적으로 비치면 여름이 오고. 그림을 보렴!

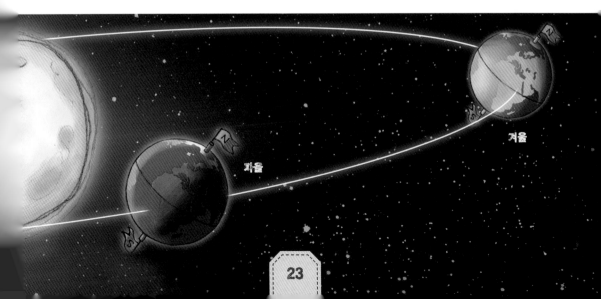

루카: 아하, 알았어요! 이제 다시 우주로 날아가 볼까요? 우주가 깜깜하기만 한 것은 아니잖아요. 별 근처는 정말로 휘황찬란할 텐데요. 별들도 다 크기가 다르지 않아요? 큰 별도 있고 난쟁이처럼 작은 별도 있고요? 작은 별을 왜성이라고 하던가요?

파롤릭: 그렇단다. 별들은 크기도 다르고 나이도 다르지.

루카: 작은 별들은 나이도 적나요?

파롤릭: 노란색 작은 별, 즉 황색 왜성들은 나이가 많지 않단다. 45억 살 된 태양도 황색 왜성이야. 나이로 보면 지금 막 성인이 되었지. 태양은 작은 별에 속한단다. 훨씬 큰 별도 많지. 하지만 언젠가 나이가 들면 태양도 크고 붉게 변하여 적색 거성이 된단다.

루카: 엄청 커지나요? 그런데 왜 그렇게 되지요?

파롤릭: 모든 별은 뜨거운 기체로 되어 있어. 수소가 대부분을 차지하지.

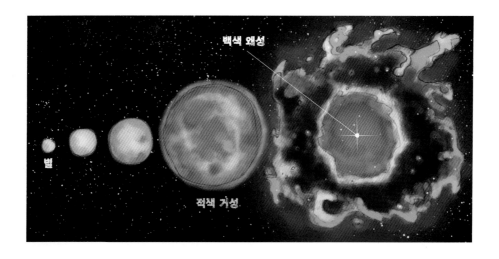

적색 거성은 폭발해서
초신성(슈퍼노바)이 돼요.

은하수의 백색 왜성들

수소가 다 타서 바닥나면 별은 부풀어 올라 적색 거성이 된단다. 그랬다가 바깥
부분이 다 떨어져 나가면, 약한 빛을 내는 백색 왜성만 남게 돼.

루카: 세상에! 그럼, 언젠가 태양이 없어진다는 이야긴가요? 우리가 살아가기
위해서는 태양이 필요한데요. 끔찍하네요! 설마 그때쯤이면 인간은 새로운
태양계로 이사를 한 뒤겠죠?

파롤릭: 그러는 게 좋을 거야. 별이 죽을 때 내뿜는 열기는 아무도 견딜 수
없거든. 하지만 걱정하지 마라. 태양은 앞으로 30억 년 이상
끄떡없을 테니까! 우리가 태양보다 오래 살 수는 없잖니?

카-알리의 지식 보따리

태양은 엄청나게 큰 발전소야. 태양 표면은 용광로보다 훨씬
뜨겁단다. 중심부는 1천5백만 도에 이르지. 이런 온도에서
수소는 헬륨으로 융합된단다. 태양이 빛나는 건 그 과정에서
엄청난 에너지가 나오기 때문이야.

사과는 왜 늘 바닥으로 떨어질까요?

아이작 뉴턴이 그 이유를 알아냈어요.

아이작 뉴턴과 깨달음의 사과

1666년이에요. 흑사병이 영국 케임브리지를 휩쓸었어요. 질병이 미처 피신하지 못한 사람들을 덮쳤지요. 하지만 어디로 가야 할까요? "존, 시골로 가자." 대학 친구 아이작 뉴턴이 제안했어요. "거기라면 이런 전염병에서 안전할 거야!" 제발 그렇기를! 그래요. 그래서 우리는 울소프로 갔어요. 아이작의 할머니 댁이 거기 있든요.

초록 언덕과 들판 사이에서 우리는 휴식을 누렸어요. 신선한 공기가 죽음의 기운을 몰아내 주는 것 같았어요. 나는 도시에 남아 있는 어머니가 걱정되었어요. 아이작은 미친 듯이 공부를 했어요. 달이 왜 지금처럼 움직이는지를 알아내고자 했거든요. 그러던 어느 늦여름 밤 아이작은 내게 위대한 깨달음을 알려 주었어요. 아이작 뉴턴! 그는 천재였어요. 아이작은 사과나무 사이에서 별자리를 관찰했어요. 그러다가 사과를 떨어뜨렸어요. "자, 봐, 존." 아이작이 내게 말했어요. "사과가 아래로 떨어지지. 늘 아래로 떨어져. 옆으로 떨어지지도 않고,

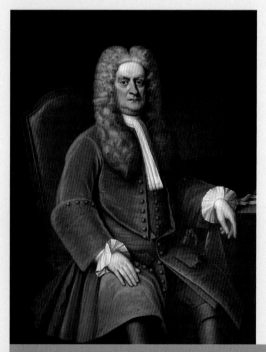

아이작 뉴턴

위로도 가지 않아. 왜일까?"

아이작은 답을 알고 있었어요. "그 이유는 중력 때문이야. 중력이 사과를
아래쪽으로 떨어지게 해. 바로 그 중력이 천체를 끌어당겨서 천체들이
다른 천체 주위를 돌게 하지."
나는 어안이 벙벙해서 친구를 바라보았어요. 아이작은 어깨를 으쓱했어요.
"아주 간단해." 아이작이 말했어요. "이런 법칙은 지구뿐만 아니라 우주 모든
곳에 적용돼! 그래서 달이 지구를 도는 거야."
"그럼 왜 달은 지구로 떨어지지 않아?" 내가 물었어요.
아이작은 웃었어요. "다른 천체들도 달을 끌어당기기 때문이지. 다른 천체들의
중력이 달을 지구에서 떼어 내려고 하는 거야. 하지만 지구와 다른 천체들의
중력이 균형을 이루어 달이
제 궤도를 도는 거고."

명왕성의 수다

지구가 태양 주위를 돌기 때문에 계절에 따라 다른 별자리가 보인단다.
옛날 사람들은 별자리에 이름을 붙여 주었어. 옛 전설에서 따온 이름을 붙이거나,
돌고래자리나 큰곰자리처럼 동물 이름을 붙이기도 했어. 그렇게 이름을 붙인
별자리가 88개란다.

그러는 동안 몇 년이 흘렀어요. 흑사병은 드디어 끝이 났어요. 아이작 뉴턴은 한참 전에 수학 교수가 되었죠. 어느 날 저녁 아이작은 내게 핼리라는 물리학자 이야기를 꺼냈어요. 핼리가 아이작에게 행성 운동 법칙을 증명할 수 있느냐고 물어보았대요. 하필이면 아이작 뉴턴, 그에게 말이에요! 아이작은 이미 오래전에 그 비밀을 알아냈는데 말이에요. 하지만 그때까지 아이작은 그런 지식을 혼자만 알고 있었어요.

나는 접시에서 사과 한 개를 집었어요. "바로 지금이야, 아이작! 아니면 다른 사람들이 선수 치게 할 셈이니?" 아이작은 고개를 끄덕이고는 펜과 종이를 잡았어요. 그러고는 두꺼운 책을 썼어요. 자신을 위해, 우리를 위해, 후세대를 위해! 영원히 남을 책들이죠. 아이작 뉴턴은 늘 "사과는 왜 땅으로 떨어질까?"와 같은 단순한 질문에 대한 대답을 찾으려 했답니다.

카-알리의 지식 보따리

사람들은 몇백 년 동안 지구가 우주의 중심이라고 생각했어.
별이 빛나는 우주를 무대 배경쯤으로 여겼지.
이런 우주관을 천동설이라고 한단다.

갈릴레오와
별 서 피티룰

루카, 천체 연구자들에게 묻다

시간과 공간을 초월해서 별 파티가 열리는 곳에 아리스타르코스, 코페르니쿠스, 브루노, 갈릴레이, 모두가 파티에 왔답니다. 루카는 질문을 퍼부었지요.

루카: 아리스타르코스 선생님, 선생님은 그리스의 아름다운 섬 사모스 출신이신데요, 선생님의 이름은 그렇게 많이 들어 보지 못한 것 같아요.

아리스타르코스: 그래도 달 분화구 하나는 내 이름을 따서 아리스타르코스라고 부른단다. 나는 인류 역사상 최초로 태양을 천체의 중심이라고 보았어. 이미 기원전 300년에 말이야.

루카: 정말 대단해요. 그런데 사람들은 그 사실을 잘 모르는 것 같아요.

아리스타르코스: 당시에는 망원경이 없었기 때문이야. 그래서 행성들이 어떻게 움직이는지 증명할 수가 없었단다. 내가 주장한 우주관을 태양 중심설 또는

태양이 중심이야.

사모스의 아리스타르코스
(기원전 310~230)

30

지동설이라고 한단다. 하지만 몇백 년 동안 아무도 지구가 태양 주위를 돈다는 이야기를 곧이들으려고 하지 않았어. 그렇죠, 코페르니쿠스?

루카: 아, 그 유명한 니콜라우스 코페르니쿠스 선생님이시군요. 선생님은 약 1500년 뒤에 아리스타르코스 선생님의 문서를 읽으셨네요?

코페르니쿠스: 그렇지! 난 그 문서를 성당의 탑 안에서 찾아냈단다. 아리스타르코스의 관찰은 내 생각과 일치했어. 행성들이 태양 주위를 돈다는 것 말이야. 이를 코페르니쿠스 우주관이라고 부른단다.

루카: 코페르니쿠스 선생님의 이름으로 부르는군요. 아리스타르코스 선생님의 문서를 성당 탑 안에서 발견하셨다고요? 당시 교회는 지구가 우주의 중심이고 모든 것이 지구를 중심으로 돈다는 주장을 하지 않았나요? 다른 주장은 모두 이교적 행위라면서 벌하지 않았나요?

코페르니쿠스: 그랬단다. 그래서 처음에는 몇몇 믿을 수 있는 사람에게만 노트를 보여 주다가 나중에야 비로소 공개적으로 내 생각을 이야기했지. 하지만 교회는 나를 그렇게 힘들게 하지 않았어. 하지만 나보다 훨씬 더 괴로움을 당한 사람이 있지. 안녕하세요, 브루노?

행성들이 태양 주위를 돌고 있어요.

뿡!

니콜라우스 코페르니쿠스
(1473~1543)

루카: 브루노, 브루노? 아, 알았어요. 조르다노 브루노! 브루노 선생님은 우주에 다른 생물이 있을 거라는 추측까지 하셨다면서요?

브루노: 그랬지. 나는 우주 어딘가에 생물이 거주하는 곳이 또 있을 거라고 생각했어. 우주는 무한히 크니까 말이야. 나는 그 말을 거리낌 없이 하고 다녔지. 유감스럽게도 시대를 너무 앞서 간 것이었어. 그리고 갈릴레이, 이제야 나한테 사과하려 할지도 모르겠지만, 아무튼 난 당신을 만나고 싶지 않아요.

루카: 갈릴레이 선생님, (귓속말로) 브루노 선생님이 왜 저러시죠?

갈릴레아: 질투가 나서 그런단다. 나는 대학교수가 되었고 조르다노 브루노는 계속해서 어려움을 당하다가 결국 끔찍한 최후를 맞았어. 당시는 생각을 자유롭게 표현할 수 없던 시대였단다. 유럽에는 종교 재판이라는 게 있었는데, 교회의 의견에 반대하는 사람들을 불러 심문했지. 이단으로 지목된 사람들은 처형되었단다. 불쌍한 조르다노도 그렇게 화형을 당했어.

루카: 오, 그랬군요! 갈릴레이 선생님은 어떻게 그렇게 많은 것을 발견할 수 있었나요?

목성을 돌고 있는 위성을 4개 발견했지.

우주는 끝이 없어요.

갈릴레오 갈릴레이 (1564~1642)

조르다노 브루노 (1548~1600)

갈릴레이: 인류 최초로 망원경으로 하늘을 관찰했기 때문이란다. 나는 망원경을 이용해서 달에 있는 분화구와 태양의 흑점을 발견했지. 목성을 도는 위성 네 개도 말이야. 나는 아주 유명해졌어. 교황은 내게 잘해 주는 편이었지. 그럼에도 교회와 다툼이 있었어. "태양에 얼룩이 있다고? 갈릴레이, 완벽한 태양에 어찌 그런 게 있을 수 있죠?"라고 말이야.

루카: 에, 선생님, 몇몇 동료분도 좀 소개해 주시겠어요?

갈릴레이: 흠, 요하네스 케플러 같은 사람 말이지? 케플러는 최초로 행성들이 원형 궤도가 아니라 타원 궤도로 태양 주위를 도는 걸 발견했단다.

루카: 계란처럼 타원으로 말이지요?

갈릴레이: 그렇지. 참, 알베르트 아인슈타인도 자신이 만든 타임머신을 타고 오겠다고 했는데. 아주 엉뚱한 녀석이지. 상대성 이론이라고 들어 보았니?

루카: 네. 하지만 제대로 이해하지는 못했어요. 일단 별셰이크 맛 좀 보고요.

우주선에서 용변 보기

우주 왕복선은 30년 넘게 사람들을 우주로 실어 날랐어요. 톰도 우주선을 탔답니다. 톰의 재미있는 이야기를 들어 보세요.

3-2-1-발사!

"톰, 준비됐나?" 사령관 마이클이 물었어. "네, 오버!" 내가 대답했지. 그러고 나서 우리는 엄청난 속도로 우주를 향해 출발했어. 추진력 때문에 몸이 좌석 쪽으로 심하게 눌렸어. 2분 뒤 로켓이 분리되고, 9분 뒤에는 외부 연료 탱크가 떨어져 나갔지. 처음에 조종할 때만 연료가 들어. 궤도에 들어서면 우주선이 저절로 날아가거든.

명왕성의 수다

우주 비행사를 위한 영어
- 카운트다운(Countdown): 발사할 때 초를 세는 것
- 리프트오프(Liftoff): 발사, 이륙하는 것
- 미션 컨트롤 센터(Mission Control Center): 우주 비행 관제 센터
- 오버(Over): 이상 끝(무선 교신에서)

여섯 시에 아침을

우주는 무중력 상태라 우주 생활이 쉽지 않아! 물은 빨대로 먹어야 하고 시리얼은 비닐 튜브로 빨아 먹어야 하지. 마이클은 콘플레이크에 타코 소스를 뿌려 맵게 만들었어. "우주에서는 도무지 식욕이 없다니깐." 마이클이 히죽 웃었어. 용변 볼 때 변기에 앉는 것도 쉽지 않아. 벨트로 몸을 변기에 고정해야 하지. 우주선 변기는 배설물을 물이 아니라 공기로 빨아들인단다.

운동이 필요해요!

무중력 상태에서는 운동을 열심히 해야 근육과 뼈의 건강을 유지할 수 있어. 비행 데이터 공책을 테니스 채로, 반창고 뭉치를 공으로 테니스를 쳤지. 마이클은 반창고 뭉치 대신 물방울로 테니스를 쳐 보자고 제안했어. 허걱! 정말 되었어. 우주복은 20겹 이상으로 되어 있고, 배낭 속에는 물, 산소, 무선 기기가 들어 있어. 가슴 부분에는 전자 기기와 컴퓨터가 설치되어 있단다.

으악! 뿡!
우주복 입지 마.
아직 산소 공급이
안 된다고!

국제 우주 정거장
ISS

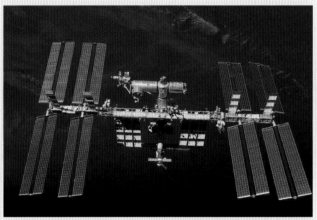

우주 왕복선이 사람과 화물을 우주 정거장 미르(Mir)와 국제 우주 정거장(ISS)으로 실어 날랐어. 우주 왕복선은 우주 정거장과 지구 사이를 132회나 안전하게 왕복했지. 하지만 중간에 두 번 큰 사고가 일어나기도 했어.

우주 산책

정비 업무를 할 차례야! 나는 우주 유영을 하는 마이클을 도와, 생명선에 몸을 연결하고 헤엄치듯 둥둥 떠다녔어. 안전장치에 발을 고정한 채 지구 쪽으로 머리를 두고 거꾸로 섰지. 아래쪽에 어떤 대륙이 있을까? 나는 한껏 고개를 젖히고 보았어. 아프리카였어! 얼른 다시 돌아가야지. 와우. 어떻게 하다 보니 몸을 앞쪽으로 너무 기울여 깜깜한 우주로 떨어질 것만 같았어.

도와줘! 몇 초 뒤 나는 다시금 둥둥 떠서 우주선 안으로 돌아왔어. 순간, 경적 소리가 크게 울렸어. 엥? 언제부터 우주선이 경적을 울렸지? 그때 누군가 손으로 내 어깨를 두드리는 느낌이 들었어.

"다 왔다, 톰." 아빠가 이렇게 말하며 차의 시동을 껐어.

"자, 어서 천문대로 들어가자꾸나!"

무중력 상태에서 잠을 자고.

소변은 다시금 음용수로 바뀌어요

음식은 비닐봉지에 담겨 있지요.

고장 난 부분도 수리하고요!

일단 해치를 열고 우주 유영을 나서요!

우주에서 보내는 휴가
루카, 파트릭 슈테론에게 묻다

루카: 우주 왕복선은 운행이 중지되었잖아요. 그러면 이제 인간을 어떻게 우주로 데려가나요? 옛날 텔레비전 시리즈에 나왔던 오리온 우주선 같은 거라도 있나요?

파트릭: 차세대 유인 우주선의 이름이 오리온이라는 거 어떻게 알았니? 몇 년 있으면 카운트다운이 시작될 거야.

루카: 3-2-1, 발사! 우주에서 휴가를 보낸다면 얼마나 좋을까요?

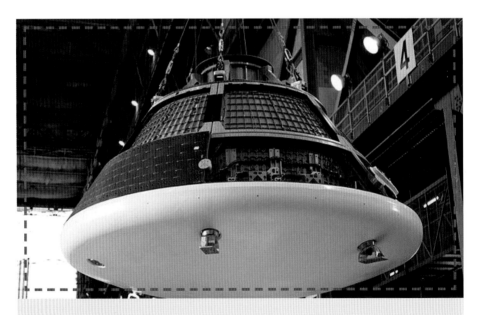

차세대 유인 우주선 오리온! 그렇게 크지는 않아요.
언젠가 인간을 국제 우주 정거장까지 실어다 줄 거예요.

파트릭: 2009년에 찰스 시모니는 국제 우주 정거장 ISS를 방문하기 위해
3천5백만 달러(약 360억 원)를 지불했단다. 우주에 미친 사람이라고 해야겠지!

루카: 후유, 그렇게 많은 돈은 없어요! 차라리 내가 우주선을 만드는 게
낫겠네요. 벌써 대충 어떤 모습으로 만들지 그려 놓았는데.

파트릭: 훌륭하구나! 언젠가는 우주에서 평범하게 휴가를 보내게 될 날이
오겠지? 미국 뉴멕시코 주 사막에서는 이미 우주선 두 대가 민간인들을 태우고
우주로 날아가려고 준비하고 있단다. 인터넷으로 비행을 예약할 수 있어.
일단 탑승객들을 태우고 지구 상공을 한 바퀴 빙 도는 여행이 계획되어 있단다.
달이나 먼 행성에 가는 노선이 생길지는 미지수지만 말이야.

루카: 앞으로 달이 우주여행에 중요한 역할을 하게
되나요?

파트릭: 달은 행성과 행성을 이어 주는 기지로 이용될
전망이야. 우주 비행을 하다가 달에 들러 연료를 채울
수 있지. 단, 달에 얼음이 충분히 있어야만 가능한
일이란다. 얼음은 산소와 수소로 분해될 수 있어서,
얼음으로 훌륭한 연료를 만들 수 있거든.

루카: 그러면 거기에서 일할 사람들도 필요하겠네요. 자동차도요.

파트릭: 달에서 달릴 수 있는 차는 이미 미국에서 개발했어. 달과 비슷한 지면을 가진 애리조나 주에서 시험 운행을 해 보았지.

루카: 달에 사람이 거주해야 할 텐데, 그건 어떻게 가능해요?

파트릭: 루카, 공기 매트리스의 장점이 뭔지 아니?

루카: 캠핑 갈 때 간편하게 가져갈 수 있는 거요.

파트릭: 바로 그거야. 에어 매트리스는 접으면 쉽게 휴대할 수 있지. 달 탐험에도 그런 매트리스를 밀봉해서 가져가면 돼. 달에 가서 부품들을 부풀려서 이으면 거주하고, 일하고, 물건들을 보관하는 데 문제가 없단다. 연장, 우주복, 산소통, 음식 같은 것들도 보관할 수 있고 말이야.

루카: 태양 에너지도 활용할 수 있을
테니까요.

파트릭: 그렇지. 하지만 기온 차가 너무
큰 건 문제야. 영상 130도와 영하 160도를
오르락내리락하니까 말이야.

루카: 화성은 좀 나은가요?
그러면 화성으로 가면 되잖아요.

파트릭: 며칠 전에 쓰레기를 버리다가
1960년대에 나온 청소년 책을 발견했어.
거기에 1985년이 되면 인간이 최초로
화성에 착륙하게 될 거라고 쓰여 있더구나.
하지만 그렇게까지는 되지 못했어. 기온과
폭풍우와 거리 문제 등 골치 아픈 문제가
많거든. 최근 두 탐사선 덕분에 화성에
대해 많은 것을 알게 되었단다. 화성에
물이 있었던 흔적도 발견했지. 탐사 로봇은
붉은 행성인 화성의 극지방에서 얼음도
발견했어. 자, 봤지? 그러니까…….

루카: 음……. 무인 탐사 로봇의 능력을?

파트릭: 하하. 너, 눈치가 아주 빠르구나!

화성에 생명체가 있었다고요?

탐사 로봇 큐리오시티가 그걸 알아냈어요.

큐리오시티는 2012년 8월 성공적으로
화성에 착륙하여

곧바로 지구로 사진을 전송했지요.

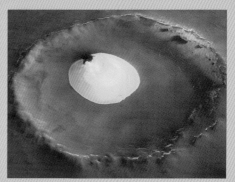

2005년에 이미 화성에 얼음이 있다는
사실을 알게 되었어요.
얼음이 있는 곳에서는 생명체도 탄생할 수
있어요. 물론 얼음이 녹아서 물이 될 때만
말이에요.

안녕,
여기 누구 있나요?

카-알리 X 10은 빛의 속도로 여행해요. 빛의 속도를 뛰어넘을 수도 있어요.
카-알리의 지구 여행 이야기를 한번 들어 봐요.

너희들 말을 흉내 내자면 짱 멋지구나! 지구와 비교하면 내가 사는 행성은 낡은
축구공 같다고나 할까? 멋진 지구의 모습을 감상하며 가까이 가니 대기층이라
부르는 신기한 공기 띠가 보이네! 대기층 덕분에 너희가 숨도 쉬고, 여러 색깔의
빛도 볼 수 있는 거잖아. 나는 눈이 부셔서, 선글라스를 꼈어.
8분 뒤 나는 대기권으로 진입하게 될 거야. 모니터의 데이터를 점검해 봐야지.
지구 --- 금성과 화성 사이에 있는 행성. 달 하나가 지구를 돌고 있음 ---
표면에는 대륙이 몇 개 있고 그 사이에 바다가 있음. 표면의 70%는 물로
구성되어 있음 --- 아시아와 유럽처럼 몇몇 대륙은 서로 맞닿아 있음.

네가 – 그래, 이 책을 읽는 너 말이야! – 수많은 행성 중 생명체가 살아갈
수 있는 환경이 갖추어진 지구에서 태어나 살고 있다는 것이 얼마나 놀라운
일인지 생각해 봤어? 확률로 따지면 정말이지 10주 연속 로또 1등에 당첨되는
것과 비슷해. 그뿐만 아니라 넌 부모님도 있고, 친구도 있고, 먹을 것도 있고,
평화롭게 살고 있잖아. 애완동물도 있고. 더구나 글씨를 읽을 수도 있고!
넌 정말 운이 좋은 애야. 우주 전체로 따지면 먼지 알갱이에 불과하지만 말이지.

명왕성의 수다

모든 사람은 우주 먼지로 되어 있다고 해도 지나친 말이 아니야.
최초의 별에서 탄소와 산소가 형성되었는데, 탄소와 산소는
모든 생명의 기본이란다. 생명체가 살아갈 수 있는
행성의 기본적인 구성 성분이기도 하지.

나로 말할 것 같으면 계속 지구에서 살고 싶지는 않아. 나는 조금 추운 곳을
좋아하거든. 질소와 산소로 이루어진 너희들의 공기는 나한텐 맞지 않아.
지구의 중력도 내겐 너무 세고. 걸어도 도무지 진도가 안 나가잖아. 내가 사는
행성에서는 쇼핑하러 갈 때 한 걸음으로 10킬로미터 넘게 가거든.

하지만 조심해……

보드 컴퓨터가 내게 지구의 모습을 보여 주는군. 아름다운 모습이야!
우뚝 솟은 산, 파란 바다. 하지만 이건 또 뭐지? 바닷속의 오염 물질 덩어리,
짙은 배기가스, 차량 정체……. 보기만 해도
악취가 나. 그리고 북극의 얼음도 녹는다며?
북극곰은 어쩌란 말이니?

기후 변화 – 발밑의 얼음이 녹아요.
도와주세요!

후유,
점점 더워지는걸.

미안해. 하지만 나는 지구에서 모든 것이 제대로 돌아가는지
확인해서 외계인 협회에 보고서를 제출해야 하거든. 외계인 협회가 내게 던진
또 하나의 질문은 이거야.
"지구에는 지적 생명체가 있는가?"

하하! 물론! 지구에는 지적 생명체가 있지. 너만 보아도 알 수 있잖아. 하지만 지구에 문제가 있다는 이야기가 계속해서 들려. 기후가 변화하고 있다며. 몇몇 도시는 공기 오염이 너무 심해서 멀리까지 보기도 힘들고. 쓰레기를 줄이고, 물을 아끼고, 난방도 덜 하고, 자연을 보호해야 한다고 말이 많더라. 이미 지구 상에서 많은 동식물이 멸종되었잖아. 아, 참, 공룡도 말이야. 그렇긴 해도 공룡이 멸종된 건 아마 유성체 때문이랬지? 아니, 운석이라고 해야 하나?

카-알리의 지식 보따리

유성체는 우주 속의 바윗덩어리야.
대기권 안으로 들어오면 타오르며 빛을 내지. 그걸 유성이라 불러.
유성이 땅에 떨어지면 운석이라고 하고.
운석은 우주에서 떨어진 돌인 셈이지.

난 방금 대기권 안으로 들어왔어. 아메리카 대륙에 착륙할 거야. 나는 중요한 과제를 수행하는 중이거든. 이름 하여 "미션 플루토(명왕성)!"

카-알리와 영화룸

카-알리가 지구에 온 것은 다 이유가 있답니다. 명왕성과 카-알리의 우정
이야기를 들어 보아요.

아! 영화를 찍는 거로군요!

당연하지! 이제 변장 의상을 반납해 줄래요?

난 진짜 외계인 카-알리 X 10이에요!

와우, 진짜 외계인일세! 나는 감독이에요. 이리 와 봐요. 보여 줄 게 있어요!

이게 우리 세트라오. 주인공을 맡아 줄 수 있겠소? 진짜 외계인이라니! 세상을 깜짝 놀라게 만들 수 있겠는데!

하지만 한 가지 조건이 있어요.

AREA51

내 친구 명왕성을 도울 수 있다면요.

끝

명왕성의 수다

미국에는 정말로 51구역(Area 51)이라는 지역이 있어.
유에프오가 떨어진 지역이라는데 접근 금지 구역이지.
사람들은 그곳이 1급 비밀 군사 기지일 거라고
추측했는데…… 와우! 그게 사실이었어.

별이 어떻게 생겨났을까?

우주 곳곳에서 별이 생겨나요. 성단 안에서 말이에요. 어린 별들은 아이처럼 아주 호기심이 많아요. 아무튼 '열려라 지식 시리즈'에서는 그렇답니다!

"메노! 나도 이름을 갖고 싶어! 머큐리(수성)나 마르스(화성) 같은 멋진 이름 말이야!" 나는 아주 오래전부터 내 둘레를 도는 쌍둥이 별을 향해 소리쳤어. 메노는 잠깐 멈칫하더니 내 쪽으로 푸르스름한 열복사선을 쏘아 보냈어.

"이 멍청아! 행성들은 돌로 되어 있어. 넌 별이라고. 뜨거운 가스로 된 천체란 말이야. 게다가 인간들 눈엔 네가 보이지 않아. 망원경으로 봐야 겨우 보일 정도란 말이야. 쯧쯧!"

메노는 내게서 얼굴을 돌려버리지 뭐야. 나는 짜증 나서 주황색 가스 구름을 확 뿜어 버렸어. 나는 다른 별들을 향해 소리쳤어.

"어이! 내가 어떻게 이 우주에 오게 되었는지 말해 줄 수 있겠니?"

다른 별들도 알지 못했어. 겨우 10억 년 된 젊은 별들이니까. 가스 구름 뒤에 커다란 붉은 별(적색 거성)이 있었어. 여기서 가장 나이 많은 별인데, 사람들이 이미 그 별을 발견했대. 그래서 아름다운 이름을 지어 주려고 한대.

"좋아." 한 번만 더 이야기해 줄게. 넌 처음에 성운(가스와 먼지로 이루어진 대규모 성간 물질) 안에서 가스와 먼지로 된 작은 구름으로 시작되었어. 그리고 아주 빨리 돌다가 원시별이 되었단다. 별이 되기 전 단계를 원시별이라고 부르지."

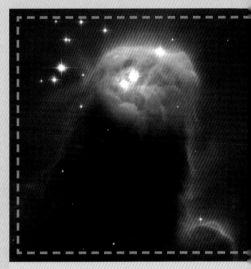

허블 우주 망원경이 찍은 사진.
여기서 별들이 탄생한답니다.

"진짜요? 난 불을 뿜는 용이 나를 데려다 준 줄 알았는데!" 나는 실망했어. 커다란 붉은 별이 빙그레 웃었어. "너는 아주 빨리 돌다가 어느 순간 타오르기 시작했어. 불은 나쁘지 않단다. 나도 옛날엔 너처럼 젊었으니까 잘 알지. 내부에 가스가 많을수록 온도가 더 높아지거든. 그런데 네 몸 중에 어디가 가장 뜨거울까? 맞혀 보렴."

"아마 여기?" 나는 노란 불을 도넛 모양으로 뻗어 냈어. 도넛 모양의 불은 내 몸의 중간 부분으로 되돌아왔지. 붉은 별이 웃었어. "맞아. 그 부분은 점점 더 뜨거워진단다. 어마어마하게 뜨거운 화로처럼 말이야." 신기하다. 내 속의 난로는 어떻게 이렇게 타오를 수 있을까?

붉은 별은 훅 하고 증기를 내뿜었어. "그 부분은 무려 천만 도가 넘어. 수소가 헬륨으로 융합되기 때문이지. 온도가 그렇게 올라가면 어느 순간 누군가 스위치를 켠 것처럼 빛을 내기 시작한단다."

별 먼지
천지라니깐.

"저기 보이는 것들처럼요?" 나는 이렇게 물으며 저만치 보이는 은하를 가리켰어. 그곳의 별들은 어쩐지 더 커 보였어. 그러자 붉은 별의 색깔이 약간 더 붉어졌어. 붉은 별은 불쾌할 때마다 그런 증상을 보인단다. 붉은 별이 말했어. "에이, 저곳의 별들은 늙었어. 그중 몇몇은 이미 꺼져 버렸거든!"

수많은 별로 이루어진 은하. 먼지와 가스가 나선형을 이루고 있어요.

꺼졌다고? 어떻게 빛나는 별이 꺼질 수가 있을까? 붉은 별이 매캐한 가스 구름을 뿜어냈어. "저 은하의 별빛이 우리에게 도착하는 데는 시간이 아주 오래 걸려. 여러 광년이 걸려서 온단다. 그래서 지금 보이는 별이 정말로 아직 살아 있는지 아니면 이미……." 붉은 별은 잠시 말을 잇지 못했어요.

"이미 뭐요?" 내가 물었어요. 그러자 붉은 별은 약간 몸을 굴렸어요. "화로가 이미 꺼졌을 수도 있다는 말이야. 별은 죽을 때 폭발한단다. 그걸 보고 슈퍼노바(초신성)라고 하지. 커다란 별은 슈퍼노바가 돼서 우리를 떠난단다."

나는 커다란 별이 되고 싶지 않았어. "하지만 별의 죽음은 또 다른 시작을 의미한단다." 붉은 별이 속삭였어. "무겁고 큰 별이 폭발하면 별을 이루고 있던 물질이 거대한 먼지구름이 되지. 이런 먼지구름에서 행성이 생겨나기도 한단다. 잠깐, 미안해! 이제 탐사선 하나가 내 곁을 지나가며 사진을 찍을 거야. 벨로라는 이름이 내게 어울리는 것 같으니? 벨로는 '아름답다'는 뜻이래." 뭐, 좋아요. 강아지 이름 같기는 하지만요.

블랙홀이 무섭다고?
루카, 파트릭 슈테른에게 묻다

루카: 선생님 눈 밑에 링 같은 게 생겼네요? 토성처럼요.

파트릭: 하하. 내가 밤에 우주 깊숙이까지 보느라 너무 무리를 한 모양이네. 별이 어디서 생겨나는지 보려고 어찌나 힘을 썼던지……. 지금도 새로운 별들이 생겨난단다. 먼지구름이 아주 빨리 돌면서 뭉쳐져서 원시별이 되지. 시간이 흐르면 원시별이 별이 된단다.

루카: 행성은요? 행성도 그렇게 생기나요?

파트릭: 별이 생기지 않으면 행성도 생기지 않아. 원시별 주변에서 가스와 먼지 층이 돌다가 접시처럼 뭉쳐지는데, 거기에서 행성이 생긴단다. 죽은 별에서 나온 물질이 재활용되지. 그래서 별의 죽음은 새로운 시작을 의미한단다. 다만, 엄청나게 큰 별은 죽어서 신기하고 이상한 천체가 된단다.

카-알리의 지식 보따리

스티븐 호킹은 영국의 과학자야.
휠체어를 타고 강의를 하지.
호킹은 블랙홀을 연구해서 여러 가지를 알아냈고,
딸과 함께 어린이 책을 쓰기도 했어.

운전할 때 내비게이션을 사용할 수
있는 건 다 위성 덕분이에요.

허블 우주 망원경은 오래전부터 우주
사진을 찍었어요.

우주 들여다보기

카나리아 제도에 설치된 허셜 우주 망원경

우주로부터 오는 각종 전파를 수신하는 전파 망원경

루카: 하하. 그게 바로 블랙홀이죠? 드디어 등장했군요!

파트릭: 그렇단다. 질량이 아주 큰 별이 적색 거성이 되었다가 슈퍼노바가 되어 폭발을 하면 그 중심은 어마어마한 밀도를 가진 한 점으로 축소되지. 그리고 어마어마한 중력으로 주변의 모든 것을 끌어당긴다. 심지어 빛조차 삼켜서 깜깜하다고 블랙홀이라고 부르지. 가까이 다가오는 것은 닥치는 대로 삼켜 버리니까.

루카: 정말로 그리로 끌려 들어가는 건가요?

파트릭: 폭포를 생각해 봐. 어느 정도까지는 물결을 거슬러 노를 저을 수 있지만, 어느 선을 넘으면 폭포로 휩쓸려 들어가 버리지.

루카: 만약 우주선이 블랙홀에 끌려 들어간다면…….

파트릭: 그러면 우주선은 길게 늘어날 거야. 스티븐 호킹의 표현에 따르면 밀가루 반죽이 스파게티 면발이 되는 것처럼 말이야. 다행히 우리는 블랙홀에서 멀리 떨어져 있단다. 은하수 중심에 거대한 블랙홀이 있거든.

냠냠!
별 스파게티.

길게 늘여 꿀꺽 삼켜 버려요!
별 하나가 블랙홀에 먹히고 있어요.

루카: 블랙홀은 아주 많은가요?

파트릭: 은하처럼 많을지도 모르지. 심지어 우주도 단 한 개뿐인지 아니면 여러 개인지 명확하지 않거든. 우주가 여러 개라는 추측도 있어. 우리 우주는 137억 년 전 한 점에서 시작하여 계속 팽창하고 있단다.

루카: 그런데 우주가 언제 시작되었는지 어떻게 알아요?

파트릭: 빛이 진행하는 데 걸리는 시간을 기준으로 계산해서 알아낸단다. 햇빛이 지구에 도달하는 데는 8분이 걸리거든. 우주에서 지구에 도착하는 빛을 관찰하는 것은 우주의 과거를 들여다보는 것이나 마찬가지야. 가장 먼 은하는 120억 광년 정도 떨어져 있단다. 내가 거대 망원경으로 관찰하는 그 은하에서 온 빛은 120억 년을 여행한 빛이야.

루카: 망원경은 시간 기계이기도 하네요! 빅뱅도 볼 수 있나요?

파트릭: 거의는. 그러나 맨 처음 우주에는 빛도 없었지. 빅뱅 후 첫 30만 년 동안에는 말이야. 우리가 그때 있었다 해도 빅뱅을 듣지도 보지도 못했을 거야.

루카: 아직 비밀이 남아 있다는 것은 좋은 일인 것 같아요.

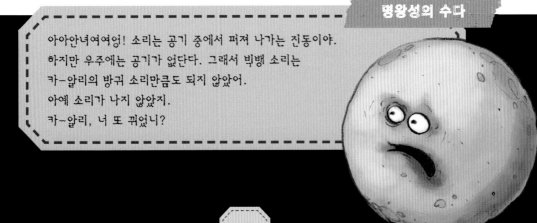

명왕성의 수다

아아안녀여여엉! 소리는 공기 중에서 퍼져 나가는 진동이야. 하지만 우주에는 공기가 없단다. 그래서 빅뱅 소리는 카-알리의 방귀 소리만큼도 되지 않았어. 아예 소리가 나지 않았지. 카-알리, 너 또 뀌었니?

알베르트 아인슈타인이 외계인 학교를 방문했다고 해 봐요.

지어낸 이야기

하지만 상당히 우스운 이야기!

알베르트 아저씨, 외계인 학교에 가다

카-알리는 손님을 소개했어요. "내가 소개할 분은 지구에서 가장 유명한 학자예요. 노벨상을 수상한 알베르트 아인슈타인 선생님이죠. 아인슈타인 선생님이 우리에게 시간 여행에 대해 설명해 주실 거예요. 아주 흥미로운 주제랍니다. 아인슈타인 선생님, 선생님께서 세운 이론을 간략히 설명해 주시겠습니까? 하지만 카-알리 인들은 머리가 빨리 돌아간다는 점을 명심해 주세요. 어린아이들도 마찬가지예요. 머리가 휙휙 돌아간다니까요!"

알베르트 아인슈타인이 헬멧을 쓰고 있어서 아무 냄새도 맡지 못하는 게 다행이에요. 여기서 헬멧 착용은 필수랍니다. 카-알리 행성에는 산소가 없어서 숨을 쉴 수가 없거든요. "초대해 주셔서 감사합니다!" 아인슈타인이 학생들에게 말했어요. "나를 알베르트 아저씨라고 불러 줘요." 아인슈타인은 칠판에 지구, 우주선, 자명종 시계 두 개, 커다란 화살표 두 개를 그렸어요.

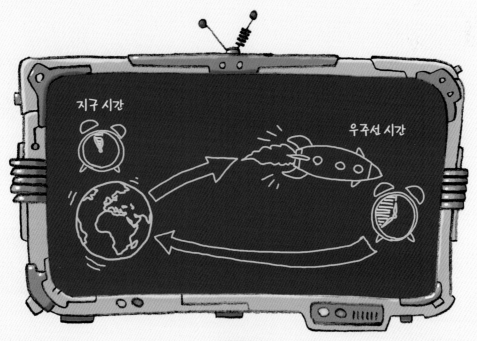

"우주선을 타고 어마어마한 속도로 일 년간 우주여행을 마치고 돌아오면 정말 놀라운 일이 벌어질 거예요. 동네 친구들은 많이 늙었거나 벌써 할아버지 할머니가 되어 있을 테니까요. 아주 빠른 속도로 움직일 때 시간이 어떻게 흐르는지 대답할 수 있는 학생 있나요?"

한 여학생이 혀를 쏙 내밀었어요. 카-알리 행성에서 수업 시간에 발표를 하고 싶은 학생은 그렇게 해요. "이리! 말해 봐요." 카-알리가 한 학생을 가리켰어요. 여학생이 말했어요. "빠르게 움직일수록 시간은 더 느리게 흐릅니다!" 아인슈타인이 고개를 끄덕였어요. "맞았어요! 우주선을 타고 날아가는 우주 비행사들의 시간은 상대적으로 느리게 흐르고, 지구에 남은 동료들의 시간은 상대적으로 빠르게 흐르지요. 그래서 그 이론을……."
"상대성 이론이라고 합니다!" 이리의 쌍둥이 오빠 아로의 목소리였어요.
"혀를 보인 다음에 말해요." 카-알리가 경고를 주었어요. "질문 있나요, 아로?"
아로는 이리를 가리켰어요. "그러니까 내가 몇 년간 엄청나게 빠른 속도로 우주를 여행한 후 돌아와 이리를 만난다고 해 봐요."
"좋아요. 그러면 좋을 거예요." 아인슈타인이 말했어요. "그러면 이리가 우리 할머니처럼 변해 있겠지요?" 아로는 큰 소리로 깔깔대었어요.

아로는 너무 우스운 나머지 방귀를 뿡 뀌었어요. 다른 아이들도 모두 방귀를

카-알리의 지식 보따리

아인슈타인은 학교 다닐 때 공부를 아주 잘하지는 못했어. 하지만 노벨상을 받았지. 아인슈타인은 빛이 미세한 작은 입자로 되어 있다는 걸 증명했어. 아인슈타인은 상대성 이론에서 우주 공간이 평평하지 않고 휘어져 있다고 주장했단다.

꿰었어요. 쌍둥이 여동생 이리만 빼놓고 말이에요. 이리는 뾰로통해졌어요.
아인슈타인이 웃으면서 이리를 바라보았어요. "우주선 속도를 감안한다면…….
이리는 할머니가 아니라 아리따운 숙녀가 되어 있을 거예요." 이리가 히죽
웃었어요.

카-알리가 끼어들었어요. "선생님의 이론을 어떻게 증명할 수 있나요?"
아인슈타인이 아쉽다는 듯이 말했어요. "지금까지는 실험으로만 증명되었어요.
인간의 우주선은 나이 차이를 확연히 느낄 수 있을 만큼 빠르지 않거든요.
내 이론은 맞는 이론이지만, 실생활에서는 거의 눈에 띄지 않아요."

"고맙습니다, 아인슈타인 선생님! 자, 이제 선생님을 다시 모셔다 드릴게요.
아! 그 전에 기념사진 한 장 찍어야죠?" 카-알리가 말했어요. 아인슈타인이
고개를 끄덕였어요. 카-알리가 아이들에게 소리쳤어요. "자! 모두 예쁘게 메롱
하세요!"

아인슈타인 선생님과 찰칵!

내가 훌륭한 우주 비행사가 될 수 있을까?
모두를 위한 테스트

우주로 날아가고 싶나요? 그렇다면 몇 가지를 알아야 해요. 다음 질문에 대답하고 점수를 더해 보세요.

우주로 출발하려고 한다. 우주복에는 무엇이 필요할까?

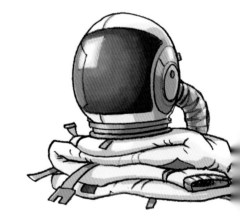

- ☐ MP3 플레이어 ❶
- ☐ 산소 탱크 ❷
- ☐ 휴대용 변기 ❶

별과 행성의 차이는 무엇일까?

- ☐ 행성이 별보다 크다. ❶
- ☐ 별은 스스로 빛을 내는데, 행성은 그렇지 않다. ❷
- ☐ 행성이 별보다 더 밝다. ❶

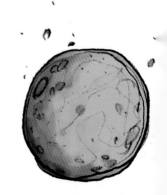

국제 우주 정거장에서 외부 수리 작업을 하는데, 누군가 "너, 드라이버를 떨어뜨렸잖아."라고 소리친다.

☐ 무슨 상관인가, 우주 쓰레기 하나를 늘리는 것뿐. ❶

☐ 저런! 찾으러 가야겠다. ⓿

☐ 있을 수 없는 상황이다. 우주에서는 소리 질러도 들리지 않는다. 소리가 전달되지 않으니까! ❷

어떤 축구 클럽이 '외계인'이라는 별명을 가지고 있을까?

☐ 비너스 볼퍼딩 ❶

☐ FC 바르셀로나 ❷

☐ 붉은 별 벨그라드 ⓿

지구와 달 사이의 거리는 계속해서 변한다. 왜 그럴까?

☐ 달이 동그란 궤도가 아닌 타원 궤도로 지구를 돌기 때문이다. ❷

☐ 거리를 제대로 계산하지 못했기 때문이다. ⓿

☐ 달이 한쪽 면만 보여 주기 때문이다. ❶

해답은 70쪽에 있어요!

루카와 파트릭의
작별 인사

루카: 선생님도 별을 하나 발견해서 선생님 이름으로 부르고 싶으세요?

파트릭: 하하, 그럼 그 별 이름은 파트릭 슈테른 슈테른(슈테른이 독일어로 별이라는 뜻이라 말장난하는 것임: 파트릭 별 별)이 되겠구나?

루카: 저는 스페이스십 투(Space Ship Two)를 타고 여행하려고 돈을 모으고 있어요. 우리가 몇 년 뒤에 다시 만날 때는 그동안 우주에 대해 더 많은 것이 밝혀져 있겠죠?

파트릭: 그렇지. 모든 학문이 그렇단다. 옛날 뼈를 찾아다니는 고생물학자들도 계속해서 새로운 사실을 알아내지. 천문학자인 내 눈에는 그들이 약간 어렵긴 해도, 재미있는 게임같이 보이지만 말이야. 무엇이든 규칙을 알면 재미있어지지. 우주를 탐구하는 것 역시 놀이 규칙을 파악하는 것이란다.

별마로 천문대

한국에 있는 우주 체험 장소

별마로 천문대

별을 좋아하는 사람이라면 놓치지 말아야 할 강원도 영월군 봉래산 정상에 있는 천문대예요.
천체 투영관, 주 관측실, 보조 관측실을 이용한 다양한 관측 체험 프로그램을 운영해요.
산 정상에서 내려다보는 영월의 야경도 천체 관측과 함께 색다른 즐거움을 제공합니다.

◎ http://www.yao.or.kr

중미산 천문대

맨눈으로도 3000여 개의 별을 볼 수 있는 관찰 센터가 있습니다. 경기도 양평군에 있는
천문대입니다.

◎ http://www.astrocafe.co.kr

송암 스페이스 센터

챌린저 러닝 센터에서 기본적으로 우주에서 수행할 수 있는 여러 가지 상황에 따라 미션을
수행해 볼 수 있습니다. 천문 테마파크로 경기도 양주군에 있어요.

◎ http://www.starsvalley.com

한국항공대 항공우주박물관

비행 시뮬레이터가 있어 조종석에 앉아 하늘로 날아올라 박물관 일대를 날아 볼 수 있습니다.
모션베이스 시뮬레이션에서는 비행기의 움직임과 같이 좌석이 움직여 실제로 하늘을 나는
체험을 할 수 있습니다. 경기도 고양시에 있는 우주 박물관이에요.

◎ http://www.aerospacemuseum.or.kr

항공우주박물관

다양한 비행기를 한곳에서 둘러볼 수 있는 야외 전시장에 커다란 수송기에서부터 전투기와
장갑차, 헬기까지 30여 점이 전시되어 있습니다. 경남 사천시에 있는 우주 박물관이에요.

◎ www.aerospacemuseum.co.kr

나로우주센터 우주과학관

나로호가 성공적으로 발사되었던 전라남도 고흥에 있는 우주 과학관이에요. 나로호 실물 크기
로켓이 전시되어 있고, 나로호 발사 통제 센터, 국제 우주 정거장, 4D 돔 영상관 등 다양한
체험을 해 볼 수 있어요.

◎ www.narospacecenter.kr/

무주 반디별천문과학관

국내 공립 천문대 중 가장 뛰어난 관측 조건과 장비를 가지고 있어요. 우주에 관한 정보를
알려주는 전시실도 있어요. 전라남도 무주군에 있는 천문 과학관이에요.

◎ www.star.muju.go.kr/

예천 천문우주센터

경상북도 예천군에 있으며 우주 체험관, 별 천문대, 천문학 소공원이 있는 별과 우주를 주제로
한 테마파크예요. 우주 비행사 훈련 체험 시설이 설치된 우주 환경 체험관과 천문대가 있어요.
천문·우주·항공을 주제로 한 실험과 실습, 그리고 다양한 체험 활동으로 구성된 항공 우주
캠프도 운영됩니다.

◎ www.portsky.net/

국립중앙과학관

23m 반구형 스크린이 설치된 천체관에서 천문 우주 관련 애니메이션과 다큐멘터리를 감상할 수 있습니다. 우주 체험관에서는 우주의 중력을 간접적으로 체험해 볼 수 있습니다. 대전광역시 유성구에 위치한 과학관입니다.

◎ www.science.go.kr/

국립과천과학관

경기도 과천에 있는 국내 최대 규모의 과학관입니다. 신비한 천문 현상을 알려주는 천체 투영관, 관측 장비로 천체 관측 실습을 경험해 볼 수 있는 천체 관측소, 그리고 우주 상상 체험관인 스페이스 월드에서 우주 체험을 해 볼 수 있습니다.

◎ www.sciencecenter.go.kr

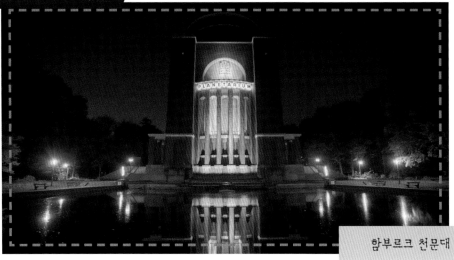

함부르크 천문대

해외에 있는 우주 체험 장소

스미스소니언 국립 항공 우주 박물관

스미스소니언 박물관 중 하나로 항공과 우주 개발의 역사를 보여 주고 연구하기 위해
설립되었습니다. 미국 워싱턴 D.C.에 있는 세계에서 가장 큰 항공 우주 박물관입니다.
◉ http://www.nasm.si.edu

홍콩 우주 박물관

우주선을 조종해 달에 착륙해 보는 가상 체험, 우주선 로봇팔로 운석을 채취해 보는 체험도 해
볼 수 있습니다. 무중력 체험실이 인기가 있는, 홍콩 침사초이에 있는 우주 박물관입니다.
선저우 1호가 우주에 가지고 간 중국 국기 및 우주복을 볼 수 있어요.
◉ http://www.hk.space.museum

함부르크 천문대

돔에 프로젝트를 쏘아 멋진 별자리와 별들을 보여 주는 등 어린이를 위한 멋진 프로그램이
마련되어 있습니다. 토마스 W. 크라우페 천문대장이 여러분의 질문에 친절하게 대답해 줄
거예요. 독일 함부르크에 있는 천문대예요.
◉ www.planetarium-hamburg.de

뮌헨 독일 박물관

고대인들이 상상한 우주의 모습으로부터 현대의 우주 비행사들과
관련된 흥미로운 전시와 라이트 형제의 비행기, 제2차 세계 대전 때
사용한 전투기와 항공기 등을 볼 수 있습니다. 독일 뮌헨에 있는 과학
기술 박물관이에요.

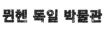 www.deutsches-museum.de

쾰른 EAC(European Austronaut Center)

독일 쾰른의 유럽 우주 비행사들의 훈련 기지로, 우주 비행을 위한 훈련을 어떻게 하는지 알 수
있어요.

 www.dlr.de

빈 천문대

오스트리아 빈에 있는 천문대로 오스트리아 최대의 돔이 설치되어 있으며, 견학 프로그램이
마련되어 있어요.

 www.astro.univie.ac.at

루체른 교통 박물관

천문관이 있어 우주 비행에 대한 전시를 볼 수 있으며, 최대의 별자리 쇼도 감상할 수
있습니다. 스위스 루체른에 있는 교통 박물관이에요.

 www.verkehrshaus.ch

사가현립 우주 과학관

일본 사가현에 위치한 우주 과학관입니다. 달 표면 중력 체험을 직접 해 볼 수 있는 시설이
있어요. 낮에는 태양, 밤에는 행성과 별을 관찰할 수 있는 천문대도 있어요.

 www.yumeginga.jp

연대표
우주 탄생

137억 년 전
빅뱅

그로부터 **1,000**년 후
우주가 서서히 식다.

그로부터 **30만** 년 후
우주가 '투명'해지다.

그로부터 **3억** 년 후
구름이 생성되다.

130억 년 전
구름으로부터 별과 은하가 생기다.

100억 년 전
우리 은하인 은하수가 탄생하다.

46억 년 전
우리 태양계가 생성되다.

오늘날
여러분이 이 책으로 우주를 좀 더
잘 알게 되다.

해답

13쪽: 지구는 행성이다. / 달은 지구 주위를
돈다. / 우리 태양계에는 소행성과 혜성들이
있다. / 우리 태양계가 속한 은하의 이름은
우리 은하이다. / 지구와 다른 일곱 행성은
태양 주위를 돈다.

62~63쪽 테스트:

산소 탱크/ 별은 스스로 빛을 내는데,
행성은 그렇지 않다./ 있을 수 없는
상황이다. 우주에서는 소리 질러도
들리지 않는다. 소리가 전달되지 않으니까!
/ FC 바르셀로나/ 달이 동그란 궤도가 아닌
타원 궤도로 지구를 돌기 때문이다.

8~10점: 멋지네요! 첫 번째 테스트를
　　　　　통과했어요.
5~7점: 상당히 잘 알고 있긴 하네요.
　　　　　천문대에 가서 좀 더 알아봐요.
0~4점: 그만두는 게 좋겠어요! 지구의
　　　　　중력이 아직도 여러분을 붙잡네요.

그럼 난
여기 있을게.
잘 가!

안녕!
자, 방귀 속도로
출발!

사진 출처

열려라~!
지식
시리즈

2013년 고래가 숨 쉬는 도서관 추천 도서
2014년 학교도서관사서 협의회 추천 도서
2014년 아침독서 추천 도서

공룡의 똥을 찾아라!

글: 폴커 프레켈트 | 그림: 데레크 로크헨 | 옮김: 유영미 | 감수: 백두성

놀라지 마!
메리 애닝은 익티오사우루스와 플레시오사우루스의 화석을 발견했어.
그것도 200년 전에 말이야. 우리도 공룡의 똥을 찾아 떠나 볼까?
재미있는 만화와 모험 이야기를 통해 무시무시한 공룡에 대해 알아보자.
준비됐니? 열려라, 공룡의 세계!

파라오, 그런 눈으로 쳐다보지 마요!

글: 폴커 프레켈트 | 그림: 프레데릭 베르트란트 | 옮김: 유영미

정말이야!
투탕카멘은 신발 수집광이었어. 고고학자 하워드 카터는 투탕카멘의 무덤에서 신발과 다른
보물을 많이 발견했어. 물론 투탕카멘 미라도 직접 보았지.
얘들아, 미라의 땅, 이집트의 비밀을 함께 풀어 볼까?
재미있는 만화와 이야기를 통해 고대 이집트에 대해 알아보자. 열려라, 고대 이집트!

오, 신이시여!

글: 폴커 프레켈트 | 그림: 카차 베너 | 옮김: 유영미

상상해 봐!
오천 명을 위한 식사가 눈앞에 펼쳐지는 모습을. 이 어마어마한 식사를 마련한 이가
누구냐고? 바로 예수님이야. 기적이 일어난 거지. 이것은 기독교에서 아주 유명한 이야기야.
그럼 이슬람교, 힌두교, 불교, 유대교 같은 다른 종교에는 어떤 이야기가 있을까?
재미있는 만화와 이야기를 통해 신비로운 종교에 대해 알아보자. 열려라, 종교의 세계!

우주 탐험, 별에서 파티룸!

글: 폴커 프레켈트 | 그림: 프레데릭 베르트란트 | 옮김: 유영미

밤하늘을 올려다봐!
갈릴레오는 망원경을 이용해서 목성에 있는 위성을 4개 찾아냈어.
과학자들은 지구가 빅뱅으로 탄생했다고 믿고 오랫동안 우주를 연구해 왔어.
이렇게 넓고 넓은 우주에도 끝이 있을까?
재미있는 만화와 이야기를 통해 신비로운 우주에 대해 알아보자. 열려라, 우주의 세계!